coleção Geografia sem fronteiras

Os oceanos
O movimento da vida em um universo pouco conhecido

Karen Gimenez

Bacharela em Geografia pela Universidade de São Paulo e em Jornalismo pelas Faculdades Integradas Alcântara Machado

Atual Editora

SARAIVA Educação S.A.
Av. das Nações Unidas, 7.221 — 2º andar — Pinheiros
CEP 05425-902 — São Paulo — SP
www.coletivoleitor.com.br
Tel.: 4003-3061
atendimento@aticascipione.com.br

Dados Internacionais de Catalogação na Publicação (CIP)
(Câmara Brasileira do Livro, SP, Brasil)

Gimenez, Karen
Os oceanos : o movimento da vida em um universo pouco conhecido / Karen Gimenez. — São Paulo : Atual, 2008. — (Coleção geografia sem fronteiras)

Bibliografia.
ISBN 978-85-357-0869-1

1. Geografia (Ensino fundamental) 2. Oceanos – Geografia (Ensino fundamental) I. Título. II. Série.

07-9746 CDD-372.891

Índice para catálogo sistemático:
1. Oceanos : Geografia : Ensino fundamental 372.891

Coleção Geografia Sem Fronteiras
Os oceanos: o movimento da vida em um universo pouco conhecido

Gerente
Rogério Gastaldo
Assistente editorial
Valéria Franco Jacintho
Revisão
Pedro Cunha Jr. (coord.)/Alexandra Costa/Cid Ferreira
Pesquisa iconográfica
Cristina Akisino (coord.)
Camila Dias Portero D'Angelo

Gerente de arte
Nair de Medeiros Barbosa
Supervisor de arte
José Maria de Oliveira
Assistente de produção
Grace Alves
Diagramação
Setup Bureau
Coordenação eletrônica
Silvia Regina E. Almeida

Colaboradores
Coordenação
Charles Pennaforte
Projeto gráfico
Tereza Yamashita
Imagem de capa
2004, Blue Hole National Monument, Belize — Blue Hole on Lighthouse Atoll
Stuart Westmorland/Corbis/LatinStock
Ilustrações
Avelino Guedes e Fernando Monteiro
Mapas
Mario Yoshida
Impressão e acabamento
Vox Gráfica

7ª tiragem, 2021

CL: 810604

CAE: 602426

Agradecimentos

Aos jovens Isabella Alves de Souza Garcia e Thiago Barreto Marques, pela leitura crítica dos textos, e à Andreza Santos, pela assessoria na pesquisa de imagens.

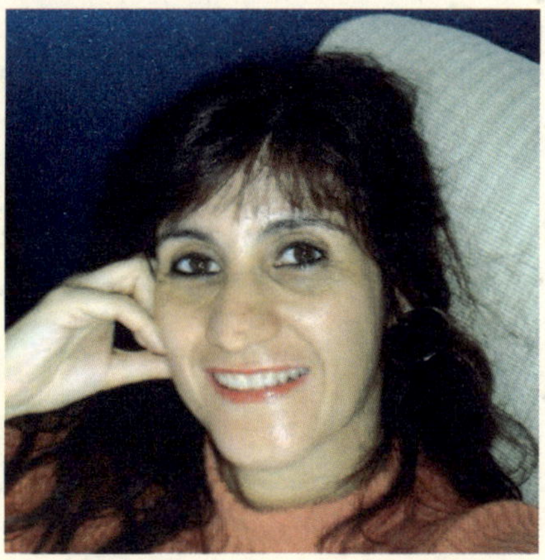

Karen Gimenez nasceu em São Paulo, em 27 de outubro de 1966. Iniciou sua carreira como jornalista há 21 anos. Trabalhou tanto na grande imprensa (jornal *Folha de S. Paulo*, revista *Superinteressante*, entre outros) quanto em publicações dirigidas e comunicação empresarial. Geógrafa, atuou como consultora em planejamento e meio ambiente em projetos sociais de universidades e ONGs e em projetos de proteção da fauna durante quatro anos. Deu aulas para os ensinos médio e fundamental.

É autora de três livros sobre história e filosofia do Extremo Oriente e tem interesse especial em história geológica e evolução das espécies. Foi editora e consultora cartográfica de enciclopédias. Atualmente trabalha com planejamento e estratégia de comunicação para empresas.

Sumário

OS OCEANOS EM NOSSA VIDA

Isabela tem doze anos e mora no Rio de Janeiro, em um apartamento em frente à praia. Tiago tem onze anos e vive em Brasília, bem no centro do país. Isabela toma banho de mar todos os dias antes de ir à escola. Tiago nunca foi à praia. Mesmo tão distante do litoral e sem nunca ter visto o mar, será que a vida de Tiago é tão influenciada pelos oceanos quanto a de Isabela? Em alguns aspectos sim. Mas como?

Os oceanos estão presentes em nosso cotidiano independentemente de morarmos ou não próximos da costa. Tiago pode não ter o prazer diário de se banhar em suas águas, mas sem os oceanos muita coisa mudaria em sua vida. Sem eles, as refeições de Tiago e Isabela perderiam um pouco do sabor, pois parte do sal usado nas cozinhas do mundo inteiro vem dessas águas.

Vêm dos oceanos também vários peixes que o garoto adora comer, como salmão, bacalhau, atum, pescada e sardinha. Na farmácia, há muitos produtos de origem marinha: sabonetes e xampus de algas, por exemplo. Os laboratórios muitas vezes investem em projetos de pesquisa como o de fabricação de remédios para alguns tipos de tumor a partir de esponjas do mar. Enguias, mexilhões, caranguejos e a tinta expelida pelos polvos são usados pela homeopatia na fabricação de medicamentos.

O combustível que move tanto o carro do pai de Tiago quanto o do pai de Isabela pode ter origem nas extrações de petróleo feitas no fundo do oceano. O complexo petrolífero marinho da bacia de Campos (RJ), por exemplo, é responsável por quase 80% de todo o petróleo extraído no Brasil.

Os oceanos influenciam também no clima. As águas próximas do equador absorvem o calor trazido pelos raios solares. O vento leva as águas quentes na direção dos polos, ajudando na caracterização do clima de várias partes do mundo. Esses movimentos são chamados de correntes oceânicas. Os furacões, que vemos na TV destruindo casas e cidades, também se originam nos oceanos. Veremos detalhes a esse respeito mais adiante.

Até a história do Brasil foi profundamente influenciada pelos oceanos. Na época de sua descoberta não havia aviões, e as viagens longas eram feitas por mar.

É justamente a presença dos oceanos em nossa vida e na de nossos antepassados — até onde menos imaginamos — que vamos comentar neste livro. Trataremos também de algumas curiosidades sobre sua formação e composição e vamos conversar sobre como eles são ameaçados pela ação do homem e o que podemos fazer para conservá-los. Quer embarcar nesta viagem?

1 O UNIVERSO DAS ÁGUAS SALGADAS

• De onde vem tanta água

Você sabia que, apesar de o nosso planeta ser chamado de Terra, aproximadamente 70% de sua superfície é coberta por água? Mas, se temos tanta água assim, como fica a ideia que se divulga nos jornais e na TV, de que a água pode acabar? A explicação é simples: é que apenas 0,01% da água que existe no planeta está à nossa disposição nos rios de onde tiramos quase toda a água que consumimos. Aproximadamente 0,35% está nos lagos e pântanos, 2,34% aparecem em forma de gelo nos polos e no pico das montanhas mais altas, e 97,3% estão nos oceanos. Não bebemos água do mar devido à sua salinidade, como veremos mais adiante.

Distribuição de água no mundo

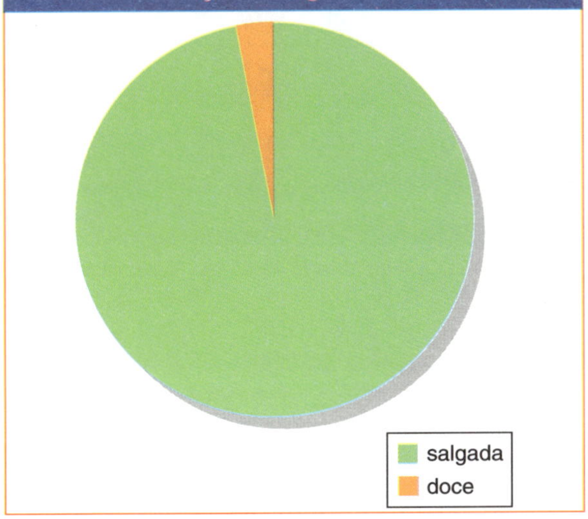

Fontes de água doce

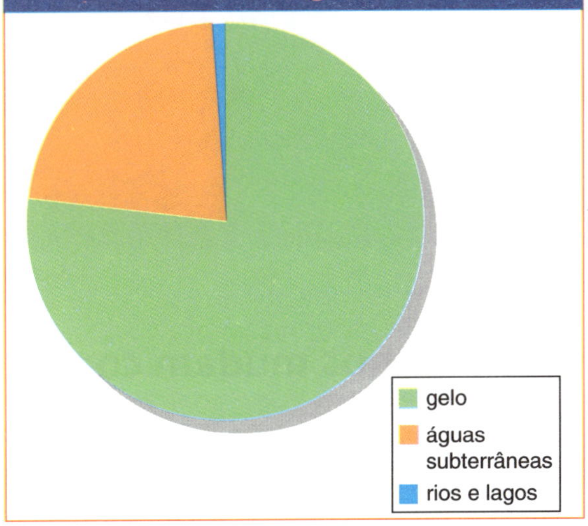

Adaptados de: *Almanaque Abril Mundo 2002*.

Então é ruim ter tanta água concentrada nos oceanos? Não, mas vamos falar sobre isso mais tarde. Primeiro precisamos entender de onde ela vem. De que maneira os oceanos se formaram é um assunto polêmico. Os cientistas ainda não chegaram a um acordo sobre isso. A ideia mais aceita é a de que a Terra se formou há 4,6 bilhões de anos a partir de uma nuvem de poeira muito grossa que foi esfriando bem devagarinho e de forma desigual. A composição química variada dessa poeira e os diferentes graus de resfriamento fizeram, por meio de um processo muito lento, que parte desse composto químico se solidificasse formando os continentes e o fundo do mar, parte ficasse líquida formando os oceanos, e parte se mantivesse gasosa, formando a atmosfera.

O maior dos oceanos é o Pacífico, que banha parte do continente americano, da Ásia e da Oceania. Sozinho, ele cobre 30% do planeta e ocupa 53% das áreas (oceânicas). Tem aproximadamente 180 milhões de quilômetros quadrados. O de maior tráfego de embarcações é o Atlântico, que banha o Brasil e a costa leste da América do Norte, a Europa e a costa oeste da África. Existe ainda o oceano Índico, que banha a costa leste da África, o sul da Ásia e parte da Oceania, além do Ártico e do Antártico, na região dos pólos. Estes dois últimos são chamados de oceanos glaciais, porque parte de suas águas fica congelada alguns meses ou até o ano todo. No mapa-múndi a seguir, veja a localização desses oceanos.

Oceanos

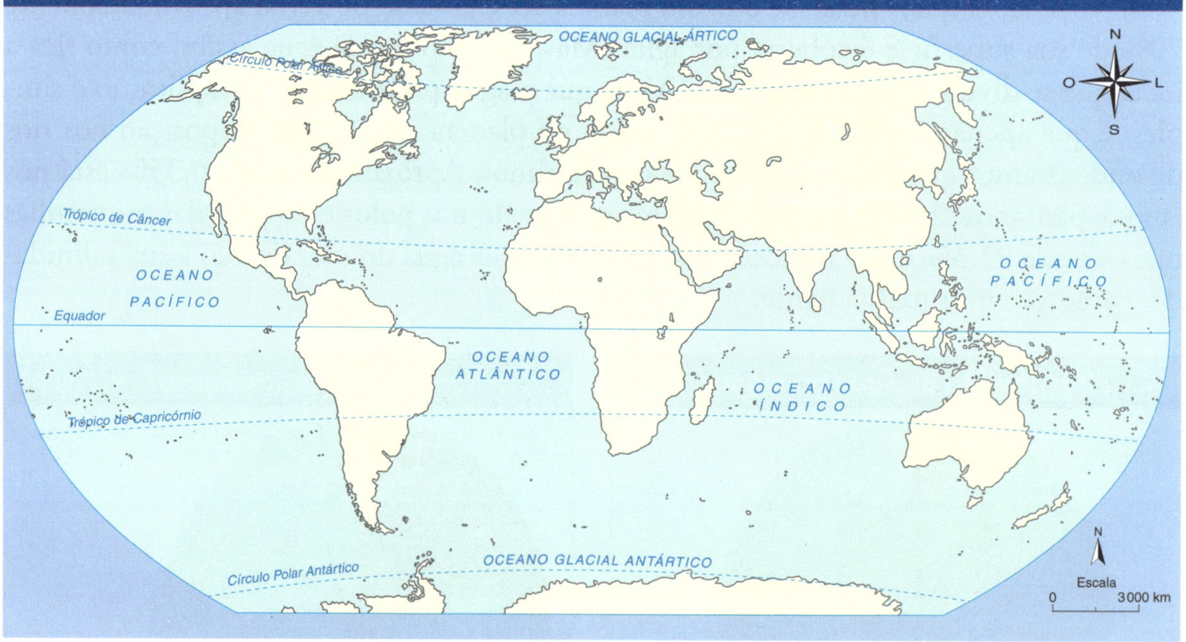

Adaptado de: V. R. Bochicchio. *Atlas Mundo Atual*. São Paulo: Atual, 2003.

• Os oceanos mudam com o tempo

Foram necessários milhões de anos para que os continentes tivessem o formato e a localização atuais. Eles formavam um só bloco em volta do qual havia um grande oceano chamado Paleopacífico. Pedaços desse bloco foram se afastando bem devagarinho — em média de 1 a 5 centímetros por ano. O oceano Atlântico, que vemos hoje em todas as praias do Brasil, não existia nos primeiros milhões de anos da Terra. Ele iniciou sua formação há 150 milhões de anos, quando os blocos de terra começaram a se afastar e abriu-se um espaço para a entrada das águas entre os atuais continentes americano, europeu e africano. Esse movimento dos continentes recebeu o nome de deriva continental e continua até hoje (observe algumas etapas significativas desse processo na ilustração a seguir). Não conseguimos perceber esse afastamento pela sua lentidão, mas daqui a alguns milhares ou milhões de anos o mapa das terras e dos oceanos novamente estará diferente. As Américas estarão bem mais longe da África e da Europa, aumentando as dimensões do oceano Atlântico, entre outras alterações.

Deriva continental

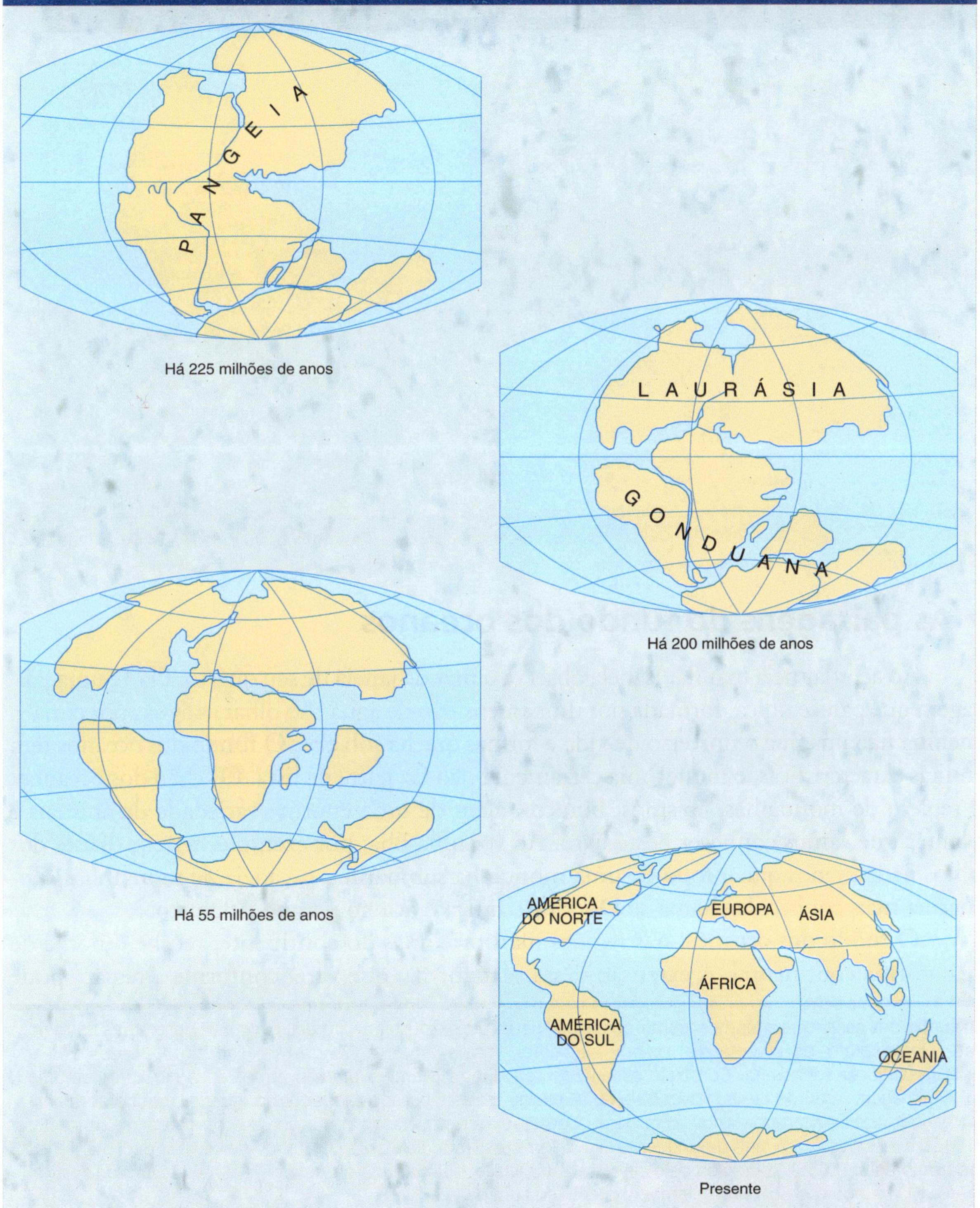

Há 225 milhões de anos

Há 200 milhões de anos

Há 55 milhões de anos

Presente

Mar ou oceano — Qual a diferença?

Quando se fala na imensidão de água salgada, ora se usa a palavra *mar*, ora *oceano*. Ambas são empregadas por muita gente como sinônimos, mas isso está errado. Resumidamente, oceanos são as cinco grandes porções de água salgada que vimos aqui (Atlântico, Pacífico, Índico, Ártico e Antártico). Quando essas águas estão próximas dos continentes, muitas vezes até em regiões mais abrigadas, quase cercadas por terras, recebem o nome de mar. Há inclusive mares dentro de continentes, como o mar Cáspio e o mar Morto, porções de água salgada que ficam no interior do continente como se fossem grandes lagos.

Oceanos e mares

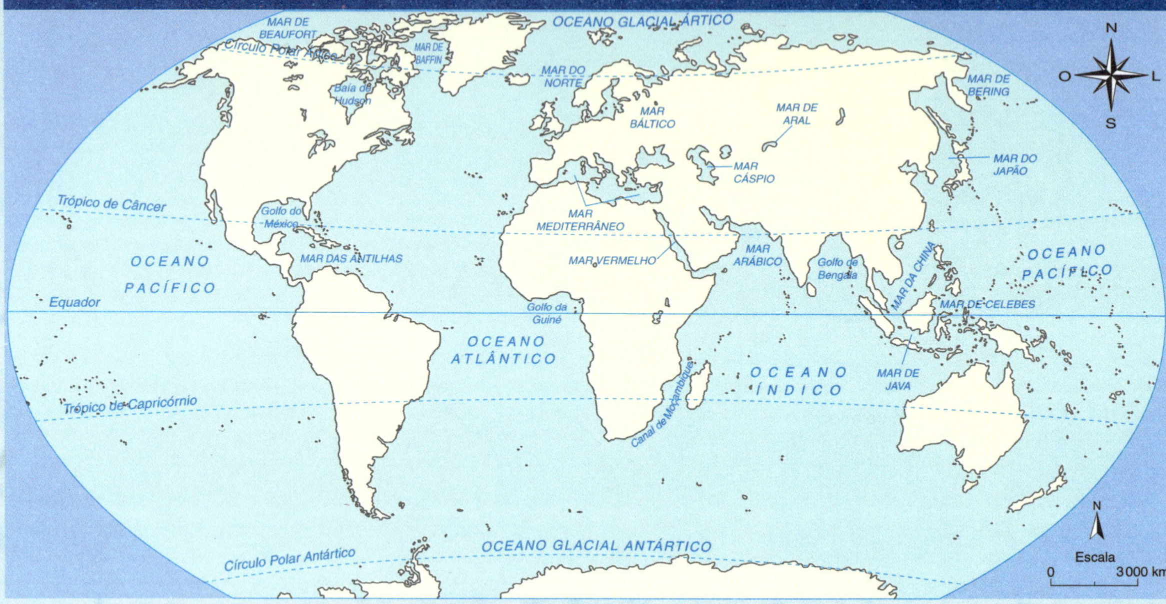

Adaptado de: V. R. Bochicchio. *Atlas Mundo Atual*. São Paulo: Atual, 2003.

• As paisagens do fundo dos oceanos

Ao acordar pela manhã, Isabela observa o mar da janela de seu quarto. Ela vê uma paisagem que parece única, formada por uma imensidão de água. Ao olhar as águas por cima, a menina não imagina o universo de vida e formas que há sob elas. O fundo dos oceanos tem muitas características, e monotonia certamente não faz parte da lista. O "chão dos oceanos" é repleto de montanhas, abismos, buracos, além de uma enorme variedade de animais e plantas que vamos conhecer neste livro. Ao ver uma ilha, por exemplo, tem-se diante dos olhos nada menos que o topo de uma montanha submarina. A cadeia de montanhas submarina mais conhecida chama-se Dorsal Atlântica e fica no oceano Atlântico.

O fundo dos oceanos, nas regiões mais próximas do continente, recebe o nome de plataforma continental. A extensão dessa plataforma, que varia conforme a região, pode

Sobre o fundo dos oceanos, sugerimos assistir aos filmes de Jacques Cousteau, um dos principais defensores do meio ambiente. Oceanógrafo, documentarista, escritor e inventor, após a Segunda Guerra Mundial Cousteau passou a se dedicar à investigação submarina. Construiu o primeiro aparelho resistente à pressão atmosférica para proteger sua câmera de filmagem. A bordo de seu navio *Calypso*, explorou mares e oceanos ao redor do mundo. Foi diretor do Instituto Oceanográfico de Mônaco e criou a Fundação Cousteau, que se dedica à proteção do ecossistema marinho. Fez cerca de 150 filmes e escreveu mais de cinquenta livros. Tornou-se mundialmente conhecido devido aos documentários *O mundo do silêncio* (1955), codirigido pelo cineasta Louis Malle, que ganhou o Oscar e a Palma de Ouro do Festival de Cannes, e *O mundo sem sol* (1964), também premiado com o Oscar.

ultrapassar centenas de quilômetros, mas costuma ter, no máximo, 200 metros de profundidade. Na área em que Isabela vive, o Rio de Janeiro, essa região submarina com até 200 metros de profundidade tem 160 quilômetros de extensão.

Quando a plataforma termina, há um grande abismo — como se fosse um enorme degrau — e a profundidade aumenta repentinamente. Esse degrau, chamado talude, leva o fundo do oceano a uma profundidade média de 3 870 metros, dando início a uma vasta área conhecida como planície abissal. Tudo que está abaixo do talude faz parte da planície abissal. Apesar de receber o nome de *planície*, ela não é tão plana quanto pode parecer. Tem diversas cadeias de montanhas ou montanhas isoladas, além de enormes buracos, alguns muito profundos, chamados fossas oceânicas. O conjunto de maior profundidade é denominado fossas Marianas e fica no oceano Pacífico. Em seu ponto mais fundo, as fossas Marianas chegam a 11 037 metros abaixo da superfície.

Assim, a área mais rasa do mar é a plataforma continental. Depois dela vem um grande degrau chamado talude e a parte mais funda se chama planície abissal.

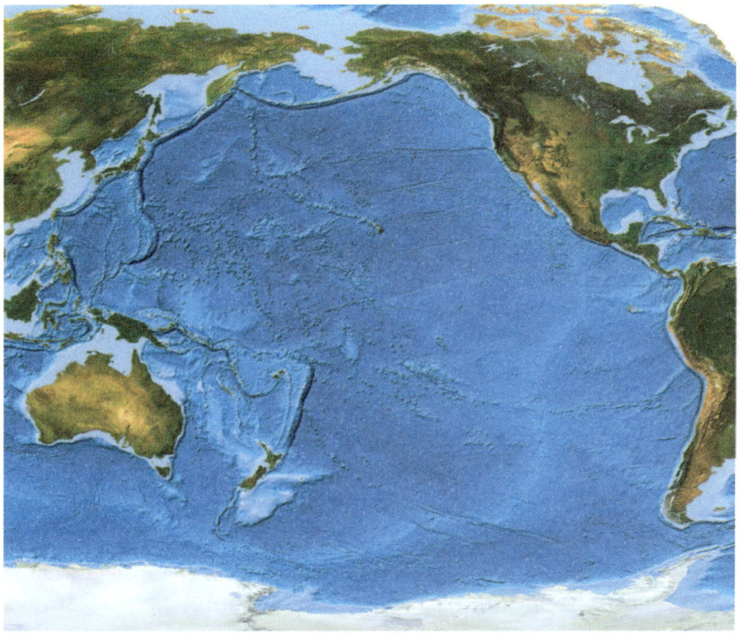
Planetary Visions Ltd/Science Photo Library/Latinstock

No oceano Pacífico, relevo da região das fossas Marianas.

O fundo do oceano

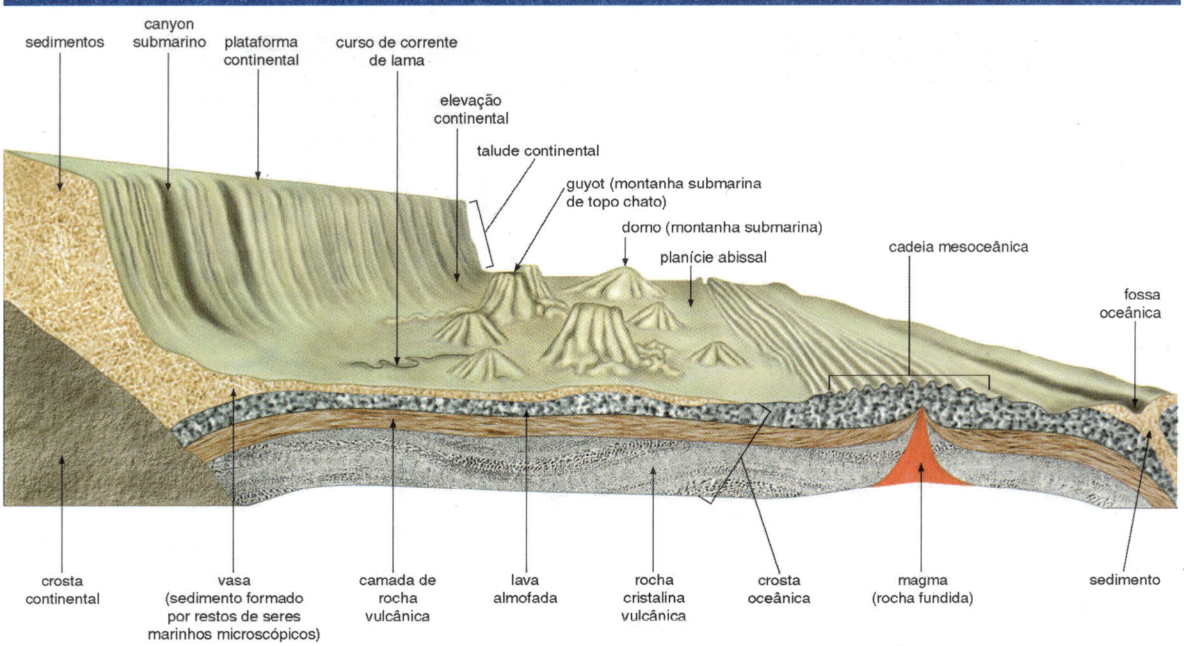

Adaptado de: *A Terra*. 3. ed. São Paulo: Ática, 1995. (Col. Atlas Visuais).

As mais famosas cordilheiras submarinas

A forma de relevo submarina mais famosa é uma cordilheira chamada Dorsal Atlântica. Ela se estende do norte ao sul do oceano Atlântico e se localiza praticamente na metade da distância entre América, Europa e África. Recebeu popularmente esse nome porque parece uma espinha dorsal no fundo do oceano.

Ela vai da Islândia, no norte, até a Antártida, no sul. Em alguns trechos chega a ter 1 500 quilômetros de largura. Tem uma profunda fossa cortando-a nas proximidades do equador. Outra grande cadeia submarina está localizada no oceano Pacífico e tem formato semelhante. É a Dorsal do Pacífico. Vai da Califórnia, nos Estados Unidos, até a Antártida. O comprimento de ambas as cordilheiras ultrapassa os 8 mil quilômetros.

Por que a água do mar é salgada?

Depois de caminhar ou brincar na praia, você já experimentou tentar matar a sede com água do mar? Ou, ao mergulhar, abriu a boca sem querer e engoliu água? Provavelmente ao passar por uma dessas situações a sensação foi desagradável. Isso aconteceu com Isabela. Ao mergulhar e engolir água, ela sentiu um gosto ruim e a boca ficou ressecada, como se tivesse ingerido uma mistura de água e sal. E foi isso mesmo que aconteceu. As águas dos mares e oceanos têm sua composição química enriquecida com uma mistura de sais. O mais presente deles (85%) é o cloreto de sódio (NaCl), que nada mais é do que o sal que nossas mães colocam na comida.

Os cientistas trabalham com duas possibilidades sobre quem colocou tanto sal na água. A primeira delas é que, durante milhares de anos, o contato da água com rochas que tinham cloreto de sódio em sua composição fez esse material se desprender em grande quantidade e se misturar à água, alterando sua composição, um processo que dura até hoje.

A outra é que esse composto químico veio do interior da Terra, por meio de rachaduras existentes no fundo do oceano. O cloreto de sódio e outros minerais teriam emergido e se misturado à água.

Nos últimos tempos, muitos cientistas passaram a acreditar que esses dois fatores ocorreram simultaneamente e que o processo continua.

Ainda é muito caro transformar a água do mar em água potável, ou seja, possível de beber. Por outro lado, a salinidade da água do mar tem outras utilidades para o homem. Esses sais também ajudam no tratamento de doenças de pele e respiratórias, por exemplo.

Ricardo Azoury/Pulsar Imagens

Salina em Cabo Frio, Rio de Janeiro, 2005.

Qual é a cor da água?

Durante uma conversa com seu primo, Tiago indagava qual seria a cor dos oceanos. Como ambos nunca foram à praia, então não chegaram a uma conclusão. E mesmo que já tivessem ido, talvez não entrassem em acordo. Isso porque podemos ver os oceanos de diferentes cores, dependendo de onde estamos.

A água em si é incolor, mas dependendo de sua concentração, da incidência de luz e dos organismos que habitam a região, pode atingir diversos tons, principalmente de verde e azul ou até de vermelho.

Um dos aspectos que influenciam na tonalidade dos oceanos é a profundidade. Quanto mais profundas, as águas tendem a ser mais escuras, vistas da superfície ou não. Esse aspecto, combinado com a luz do sol incidente sobre a região, também contribui para determinar a tonalidade daquela parte do oceano. Mais luz e menor profundidade costumam resultar em águas mais claras.

Grand Tour/Grand Tour/Corbis/Latinstock

Roberto Rinaldi/Grand Tour/Corbis/Latinstock

Onne van der Wal/Corbis/Latinstock

Nessas fotos é possível observar diferentes cores de mar. Na imagem acima à esquerda, praia de Monte Conero, na Itália; na imagem abaixo, ilhas Salomão; na foto à direita, ilha de Saint Martin.

As algas também são agentes importantíssimos na coloração da água, deixando-as mais verdes, azuis ou até vermelhas. Vermelhas porque algumas algas, devido ao excesso de nutrientes minerais no local em que se encontram, proliferam-se de maneira exagerada até formar uma camada de algas na água que impede a luz do sol de penetrar. Isso faz que não haja dissolução de oxigênio na água, levando muitos seres vivos à morte. A situação se torna pior quando essas algas, ao se decomporem, geram substâncias tóxicas. Tal fenômeno é conhecido por maré vermelha porque deixa uma mancha de cor avermelhada. A luz e a profundidade também influenciam nessa ocorrência.

O termo *maré vermelha* é muito discutido atualmente, pois sempre foi associado à presença de algas tóxicas. E, como a ciência descobriu que nem todas as algas tóxicas deixam a maré avermelhada, o termo passou a gerar polêmica.

2 O MOVIMENTO E A VIDA NOS OCEANOS

• Fenômenos climáticos e os oceanos

O movimento constante das águas dos oceanos e a própria existência deles têm forte influência no clima da Terra. O fato, por exemplo, de Brasília, onde Tiago mora, bem no centro do país, ter um clima mais seco do que o litoral, onde vive Isabela, está relacionado, entre outros fatores, à falta de proximidade do mar. Os oceanos apenas não formam o clima, mas contribuem, com outros elementos, para a intensidade da umidade, da temperatura e até de fenômenos como furacões.

Os ventos movimentam os oceanos, e as águas de regiões frias podem invadir regiões quentes e vice-versa. A agitação das águas superficiais e a acomodação periódica das placas tectônicas fazem que as águas profundas também mudem de lugar. Chamamos essa dinâmica de correntes marítimas superficiais ou profundas. Águas aquecidas em locais de alta temperatura como nas proximidades do equador, ao serem levadas pelo vento para locais mais frios deixam o clima mais ameno e vice-versa. Parte das águas do oceano Glacial Ártico não congelam mesmo com as baixas temperaturas locais, graças às águas quentes que chegam carregadas pela corrente do Golfo.

John Miller/Robert Harding World Imagery/Corbis/Latinstock

Praia de Barbados, no Caribe, cuja temperatura é amenizada pela corrente do Golfo.

Algumas correntes marítimas

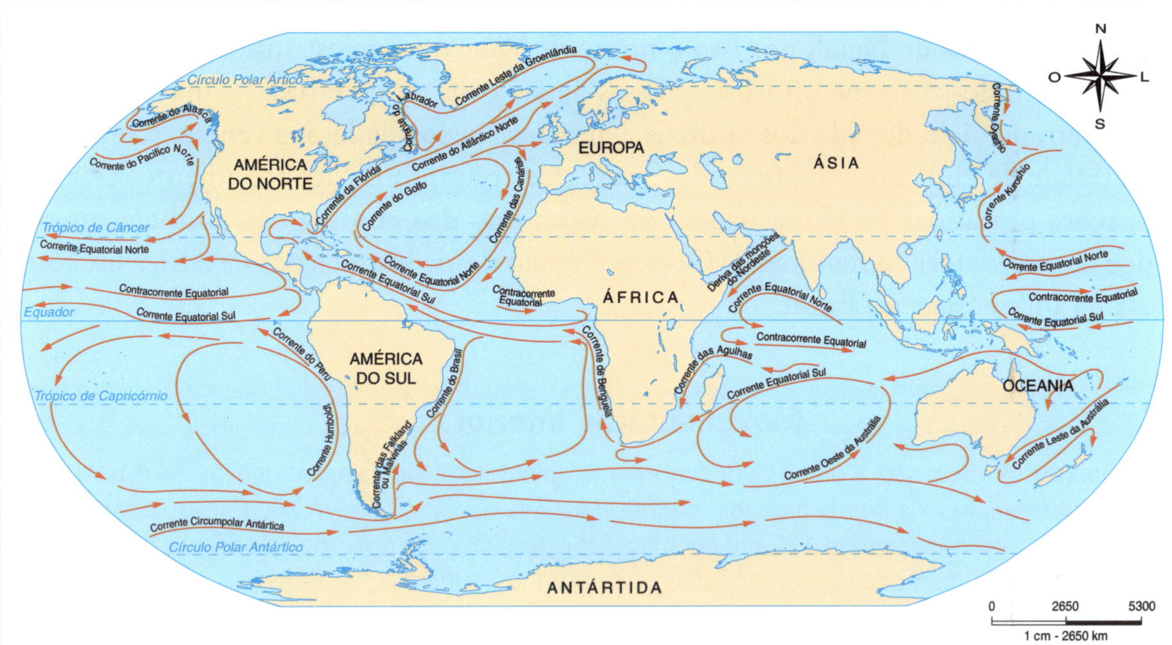

Adaptado de: *A Terra*. 3. ed. São Paulo: Ática, 1995. (Col. Atlas Visuais).

Entre os fenômenos climáticos originados nos oceanos estão dois bem conhecidos: os furacões e o El Niño.

> Sobre esse fenômeno, consulte o *site* do centro de Previsão de Tempo e Estudos Climáticos (www.cptec.inpe.br).

Os furacões nascem da ação dos ventos nos oceanos aliados a tempestades. Vão se deslocando e podem atingir os continentes como vemos na TV. Esses fortíssimos ventos circulares, com alguns quilômetros de diâmetro, podem ultrapassar a velocidade de 160 quilômetros por hora. Costumam acontecer no hemisfério Norte e ganhar nomes de pessoas como Katrina, Andrew etc. Os furacões arrasam os locais por onde passam, matando pessoas e animais e deixando muitos sem abrigo e comida.

Outro exemplo entre os fenômenos que trazem complicações para a vida da humanidade e dos animais é o El Niño, que ocorre próximo à costa da América do Sul

Vince Streano/Corbis/Latinstock

Foto de consequência do El Niño em Malibu, Califórnia, 1983.

banhada pelo oceano Pacífico. Ele acontece quando essas águas esquentam mais do que o normal, principalmente na região do Peru e do Equador. Isso costuma acontecer próximo da época do Natal, por isso o nome *El Niño,* que em espanhol significa "o menino", referindo-se ao menino Jesus. Essas águas com temperatura acima da esperada interferem no ciclo de vida dos animais e alteram a velocidade dos ventos. Com isso, a quantidade de chuvas também muda. Todo esse conjunto de acontecimentos traz modificações profundas no clima não só da costa, mas dos continentes também, mesmo longe da ocorrência do fenômeno. Ocorrem então desde inundações na África até fortes secas na Indonésia e no Brasil.

Movimentação interior

Os oceanos também são afetados por fenômenos geológicos, ou seja, mudanças na estrutura da Terra. Um exemplo foi a "onda gigante" conhecida como *tsunami*, que em 2004 arrasou parte da Ásia, matando aproximadamente 150 mil pessoas. Foi o resultado de uma movimentação brusca de uma placa de rochas no fundo do oceano Índico. Isso porque a superfície da Terra não é uma camada inteiriça, como uma casca de ovo. Ela é formada por diversos pedaços enormes que se encaixam como em um quebra-cabeça, chamados placas tectônicas. Esses enormes pedaços estão sempre se movimentando, mas muito devagar, então não percebemos. É por causa desses movimentos que os continentes se afastaram, como vimos no capítulo 1. Em relação ao *tsunami*, o que aconteceu foi que uma dessas "peças do quebra-cabeça" no fundo do oceano Índico de repente se movimentou de forma mais brusca que o normal. Isso agitou excessivamente o mar, formando a onda gigante, *tsunami*.

• As marés

Dependendo da hora e do dia em que se vá à praia, tem-se a impressão de que a extensão de areia está mais larga ou mais estreita. Não é só impressão. A faixa de areia muda de largura periodicamente devido a um fenômeno chamado maré. Maré é o avanço ou recuo do mar, que se alterna mais ou menos a cada seis horas. É diferente das ondas que avançam e recuam alguns metros em poucos segundos. Nas marés, o mar avança ou recua em toda a extensão da praia, gradativamente, engolindo ou recuando na faixa de areia.

O que provoca esse movimento das águas é a atração gravitacional entre a Terra e a Lua (principalmente), que sofre também influência da atração entre a Terra e o Sol. É como se a Terra e a Lua, os principais elementos na determinação das marés, atraíssem uma à outra, assim como acontece entre a Terra e o Sol, só que com menor intensidade. A Lua atrai a Terra fazendo que as águas se movimentem para um lado, e a Terra atrai a Lua para outro, como acontece entre a Terra e o Sol. E esse puxa-puxa leva as águas dos oceanos a se movimentarem de um lado para outro, ficando mais longe ou mais perto da costa em intervalos de seis horas. Quando a faixa de areia está mais estreita, dá-se o nome de maré alta e, quando o mar está mais recuado, deixando uma faixa de areia maior à mostra, a expressão usada é maré baixa.

Tábuas de marés — O que são e como são montadas

É muito importante para os pescadores, para os navios de transporte e de passageiros e para diversas atividades exercidas no litoral que se conheça em detalhes o movimento das marés. Como o cálculo de seis horas é aproximado, há profissionais que passam o dia todo estudando as relações entre a Terra, a Lua e o Sol, para prever exatamente os horários de mudança das marés. Os relatórios desses cientistas são chamados tábuas de marés. Eles calculam o dia, a hora, a fase da Lua, se a maré avança ou recua e sua altura. Com esses dados, os pescadores, por exemplo, planejam a melhor hora de sair e o melhor local para ancorar em busca de pescado. A seguir, observe como se dá esse fenômeno.

Marés (porto de Santos, SP, junho de 2007)

Sexta 1		Sábado 2		Domingo 3		Segunda 4		Terça 5		Quarta 6		Quinta 7	
hora*	altura	hora	altura	hora	altura	hora	altura	hora	altura	hora	altura	hora	altura
02:41	1.3	02:51	1.2	03:02	1.2	03:19	1.2	03:36	1.1	03:39	1.0	00:34	0.8
09:06	0.2	09:54	0.2	10:47	0.2	11:39	0.2	12:28	0.2	06:54	0.9	03:30	1.0
15:15	1.5	15:56	1.5	16:39	1.5	17:23	1.4	18:13	1.3	08:34	1.0	06:08	0.9
21:13	0.5	21:51	0.6	22:23	0.6	23:00	0.7	23:45	0.8	13:19	0.3	09:34	1.1
										19:09	1.3	14:09	0.3
												20:13	1.2

Latitude: 23° 57',3S
Longitude: 046° 18',4W
Fuso: +03.0
Nível médio: 0.79
* As horas listadas não são corrigidas para o horário de verão.
Adaptado de: www.scubadiver.com.br/scubadiver/tabua.php

• Biodiversidade marinha

Quando se fala em vida no mar, logo vem à mente uma grande variedade de peixes. Apesar de serem eles os habitantes marinhos mais conhecidos (são quase 30 mil espécies já descobertas), a vida nos oceanos é muito mais rica. Há milhares de tipos de plantas, além de animais como répteis, mamíferos e corais. Acredita-se que o número de espécies de seres vivos nos oceanos seja maior do que em grandes florestas, como a Amazônica.

Foi nos oceanos que surgiram as primeiras formas de vida na Terra. O animal marinho mais antigo que vive até hoje é o celacanto, um peixe que surgiu há 400 milhões de anos. É mais antigo do que os dinossauros.

Outro exemplar bastante antigo dos mares é a tartaruga marinha, um réptil de 110 milhões de anos. Apesar de ter sobrevivido tanto tempo, hoje é um animal protegido, pois a caça quase acabou com a espécie.

Encontramos também muitos mamíferos que vivem nos oceanos. Apesar de se parecerem com peixes, baleias e golfinhos são mamíferos iguais ao homem. Alguns, como focas e leões-marinhos, ficam apenas parte do tempo nas águas. Algumas aves também dependem dos oceanos para sobreviver, como os pinguins e os albatrozes. Há ainda moluscos, como os polvos, e crustáceos, como lagostas e camarões, estes últimos com esqueleto na parte externa do corpo, entre outros animais.

Leandro Sparrenberger/NextFoto

Albatroz na praia do Pântano do Sul, em Florianópolis, 2003.

Uma das formas de vida mais coloridas e intrigantes que encontramos no fundo dos oceanos são os corais. Coloridos e rígidos em sua composição, eles parecem feitos de rocha, mas seu formato imita o das plantas. Algumas espécies não têm essa camada externa de proteção, tornando-se mais frágeis. Os corais vivem em colônias que se juntam em agrupamentos chamados recifes. Originados há mais de 7 mil anos, esses animais são muito importantes para manter o equilíbrio da vida marinha. Diversos animais se reproduzem e se alimentam próximo dos recifes de coral. Alguns recifes são tão grandes que formam até ilhas. O maior agrupamento de corais fica perto da costa da Austrália. São quase 3 mil recifes juntos. Embora, por exemplo, os recifes de coral cubram menos de 0,5% do fundo dos oceanos, 90% das espécies marinhas dependem deles direta ou indiretamente.

Stuart Westmorland/Corbis/Latinstock

Frans Lanting/Corbis/Latinstock

Uma profusão de corais bem coloridos (*Dendronepthya sp.*) na região de Papua Nova Guiné, pode ser vista na foto acima; na outra imagem, um grande recife de corais em Bora-Bora.

Nos oceanos encontramos também grande quantidade de plantas, genericamente denominadas algas, que servem de alimento para os animais que vivem nos oceanos e também para os seres humanos. São utilizadas ainda na fabricação de adubos, cosméticos e remédios. Embora sejam importantes na oxigenação e purificação da água e na produção de oxigênio para todo o planeta, em excesso as algas podem ter efeito maléfico, contribuindo para a contaminação da água como já vimos ao comentarmos a maré vermelha.

Há por fim os seres microscópicos, aqueles que não conseguimos ver de tão pequenos que são, mas que contribuem muito para o equilíbrio dos ecossistemas marinhos.

• A vida nas águas profundas

As principais formas de vida que o homem conhece estão na região da plataforma continental. Da planície abissal e das fossas marinhas pouco se sabe, pois são necessários equipamentos muito sofisticados de pesquisa tanto por sua profundidade quanto por causa da escuridão, pois se está muito distante do alcance dos raios solares. A pressão encontrada nessa região também é muito forte, o que impede o homem de descer até lá. Para conhecer o que há mais no fundo, ele depende de equipamentos muito sofisticados e resistentes. Nessas regiões as águas costumam ser muito frias, mas há lugares em que acontece o contrário: elas são muito quentes. Esses poucos locais de águas quentes costumam estar próximos às falhas nas rochas que cobrem o fundo dos oceanos, permitindo que as águas profundas tenham contato com o calor do interior da Terra.

Nas áreas em que a luz não chega, a temperatura média da água costuma ser de 2 graus, o que é muito frio. Não há luz, a pressão é muito forte e faltam alimentos. Diferentemente do que acontece nas águas superficiais, muitos animais que vivem nas profundezas podem ser caracterizados como feios, assustadores até, se levarmos em conta os padrões estéticos mais habituais. Muitas espécies desenvolvem órgãos fosforescentes semelhantes aos dos vaga-lumes, úteis na hora de atrair outros animais que servem de alimento.

Sobre esses animais misteriosos, sugerimos a leitura de *Sobrevivendo à escuridão*, de Íris Stern, São Paulo: Saraiva, 2003.

Norbert Wu/Minden Pictures/Latinstock

"Peixe-pescador do Fundo do Mar" é um modo de traduzir o nome desse peixe que habita águas profundas, o Deep-sea Anglerfish (*Melanocetus johnsoni*), que tem uma "vara" luminosa no centro da cara.

3 OS OCEANOS E A HISTÓRIA DA HUMANIDADE

• Os povos antigos se lançavam nos oceanos

O homem se utiliza dos oceanos para expandir seus domínios, vender seus produtos e se comunicar com outros povos há milhares de anos. Muitas das misturas étnicas só foram possíveis porque os oceanos foram usados como via de transporte. Uniões entre povos por meio de casamentos e migrações, hábitos espalhados de um lado para outro do mundo formando, com os costumes locais, outras culturas — dificilmente tudo isso teria acontecido sem o transporte marítimo. O Brasil é um bom exemplo. Tanto os portugueses quanto os negros chegaram ao nosso país a bordo de embarcações. Depois de um longo tempo de conflitos, casaram-se entre si e com índios, dando origem ao povo brasileiro, de características tão diversas. Trouxeram sua comida, sua música, dança e religião, que se misturaram às dos índios que aqui moravam. Depois chegaram imigrantes de todas as partes do mundo. A família de Tiago, por exemplo: parte veio de Portugal e parte da Itália do século XIX. E casaram-se entre si. Todos chegaram aqui de navio.

Acervo Arquivo do Estado

Chegada de imigrantes portugueses ao Rio de Janeiro na década de 1950.

A agricultura é outro setor que fornece um bom exemplo das mudanças que os oceanos podem proporcionar ao espaço. No início do Renascimento, plantas e animais foram levados de um lado para outro pelas caravelas e se integraram perfeitamente aos locais para onde foram transportados. No Brasil de hoje, destacam-se a soja, de origem chinesa, e o milho, que vem da América Central. Quanto aos animais, como bois e cavalos, por exemplo, foram trazidos para cá pelos colonizadores europeus para ajudar no transporte e na agricultura.

Nos registros mais antigos de compra e venda de mercadorias entre os povos que usaram os oceanos como via de transporte, há provas do comércio entre o Egito e uma região chamada Biblos, onde atualmente fica o Líbano e que na época era habitada pelos fenícios. Isso já acontecia em 2500 a.C. (mais de 4 500 anos atrás). Durante séculos os fenícios foram famosos por seus barcos, que navegavam pelo mar Mediterrâneo comerciando e guerreando com diversos povos.

Como os povos antigos construíam seus barcos

Navegar nos tempos antigos era tarefa muito arriscada. Pode-se afirmar isso tanto no caso dos fenícios e egípcios, que, pelo que sabemos, não se aventuravam a distâncias muito grandes, quanto no dos portugueses e espanhóis, que, séculos depois, cruzaram o mundo em caravelas. Havia perigos reais e imaginários. Os perigos reais eram as tempestades, a falta de mapas e instrumentos de navegação eficientes, as doenças e os piratas. Imaginários eram os monstros marinhos que povoavam muitas lendas e o medo de "cair da Terra". (Muita gente ainda acreditava que nosso planeta era plano e que, se a embarcação chegasse a uma das pontas desse plano, cairia em um buraco sem fundo.)

A respeito dos perigos reais e imaginários que povoavam a imaginação dos navegantes, sugerimos a leitura de *Medo e vitória nos mares*, de Janaína Amado e L. C. Figueiredo, São Paulo: Atual, 1999.

Muito simples, as embarcações acabavam vulneráveis às intempéries. Os registros mais antigos a respeito da construção de barcos mostram os egípcios como precursores, cerca de 11 mil anos atrás, com suas embarcações que navegavam no rio Nilo. Os primeiros registros de barcos lançados no oceano datam de cerca de 2900 a.C. Eram feitos de blocos de madeira, como se fossem enormes tijolos. Utilizavam remos e vela para locomoção.

Os barcos fenícios, surgidos na mesma época, indicam tecnologia um pouco mais avançada e matéria-prima de melhor qualidade. Os fenícios tinham a vantagem de ter em sua região enormes bosques de cedro, madeira resistente e bastante adequada para a construção de embarcações, o que não acontecia com os egípcios. Os barcos fenícios tinham capacidade de levar mais mercadorias e eram mais resistentes durante as batalhas.

As embarcações — quase todas de madeira — eram construídas manualmente. Sem motor, eram movidas a vela e remo e dependiam muito das condições meteorológicas para seguir em frente. Algumas tinham velas fixas que só permitiam navegar com vento a favor. O retorno tinha de ser com a nau à deriva.

Na época das grandes navegações portuguesas e espanholas, os barcos mais modernos eram as caravelas, iguais às que trouxeram Cabral ao Brasil. Eram grandes embarcações — feitas para percorrer longas distâncias — que dependiam do vento para se movimentar. Das equipes participavam, além de marinheiros e técnicos em navegação, um escrivão para anotar os acontecimentos, médicos e padres, pois muita gente adoecia e morria durante a viagem.

O desenvolvimento de uma tecnologia que não tem nenhuma relação com a navegação contribuiu bastante com seu avanço científico: a invenção da imprensa em meados do século XV, que popularizou mais o conhecimento e facilitou tanto a divulgação de tecnologias de construção de barcos e de instrumentos de navegação como a confecção de cartas e mapas.

Bettmann/Corbis/Latinstock

Gravura representando embarcação fenícia em viagem.

Apesar de os fenícios terem fama de guerreiros, há historiadores que creditam aos egípcios a embarcação militar de grande porte mais antiga de que se tem notícia. Seria ela a Nau de Quéops, com 47 metros de comprimento e construída durante a quarta dinastia (2589 a 2566 a.C.) para o faraó cujo nome a batizou.

Gregos, romanos e os povos nórdicos também foram grandes navegadores. Os nórdicos, inclusive, ficaram famosos por suas conquistas violentas, nas quais os barcos *vikings* desembarcavam em terras alheias. Eram embarcações menores que as egípcias e fenícias, mas bastante preparadas para a guerra, com os homens protegidos por escudos e contando com outros armamentos. Gregos e romanos também se utilizavam das embarcações para suas conquistas e guerras, principalmente no mar Mediterrâneo.

• As grandes navegações e a formação do mundo moderno

No final da Idade Média, mais especificamente a partir do século XV, os oceanos contribuíram bastante para mudar o mapa-múndi. Com a intenção de expandir seus domínios e seu poder, alguns países europeus se lançaram ao mar, dando início ao período que ficou conhecido como período das grandes navegações. Portugal, Espanha, França e Inglaterra tiveram êxito. Essa expansão mexeu profundamente na economia e nos costumes, tanto dos países conquistadores quanto das terras conquistadas. E graças à descoberta dessas terras até então desconhecidas pelos europeus, começamos a ter uma noção mais real dos continentes do planeta e outros povos e culturas começaram a se formar. Efeitos que sentimos até hoje. Falamos português justamente porque os portugueses aportaram aqui em 1500 e nos colonizaram. Por meio dessas longas viagens, além de povos, descobriram-se animais, plantas, alimentos em geral e até remédios.

Durante esse processo de expansão, Portugal começou a ter destaque nas aventuras pelo mar. A partir de 1413, os portugueses conquistaram diversas ilhas importantes, como Açores, Cabo Verde, entre outras. Eles foram os primeiros a contornar o extremo sul do continente africano, chamado de Cabo da Boa Esperança (viagem completada pela primeira vez por Bartolomeu Dias, em 1488). Chegaram à Índia (em expedição comandada pelo navegador Vasco da Gama) dez anos mais tarde (veja o mapa da próxima página). Aportaram no Japão em 1492, influenciando os hábitos e o idioma locais, e fundaram uma colônia na China em 1557, chamada Macau, onde se fala português até hoje.

Os espanhóis conquistaram os outros países da América do Sul e a América Central. Inicialmente desembarcaram no território que hoje abriga os Estados Unidos. Isso ocorreu em 1492, com Cristóvão Colombo.

Viagem de Vasco da Gama (1498)

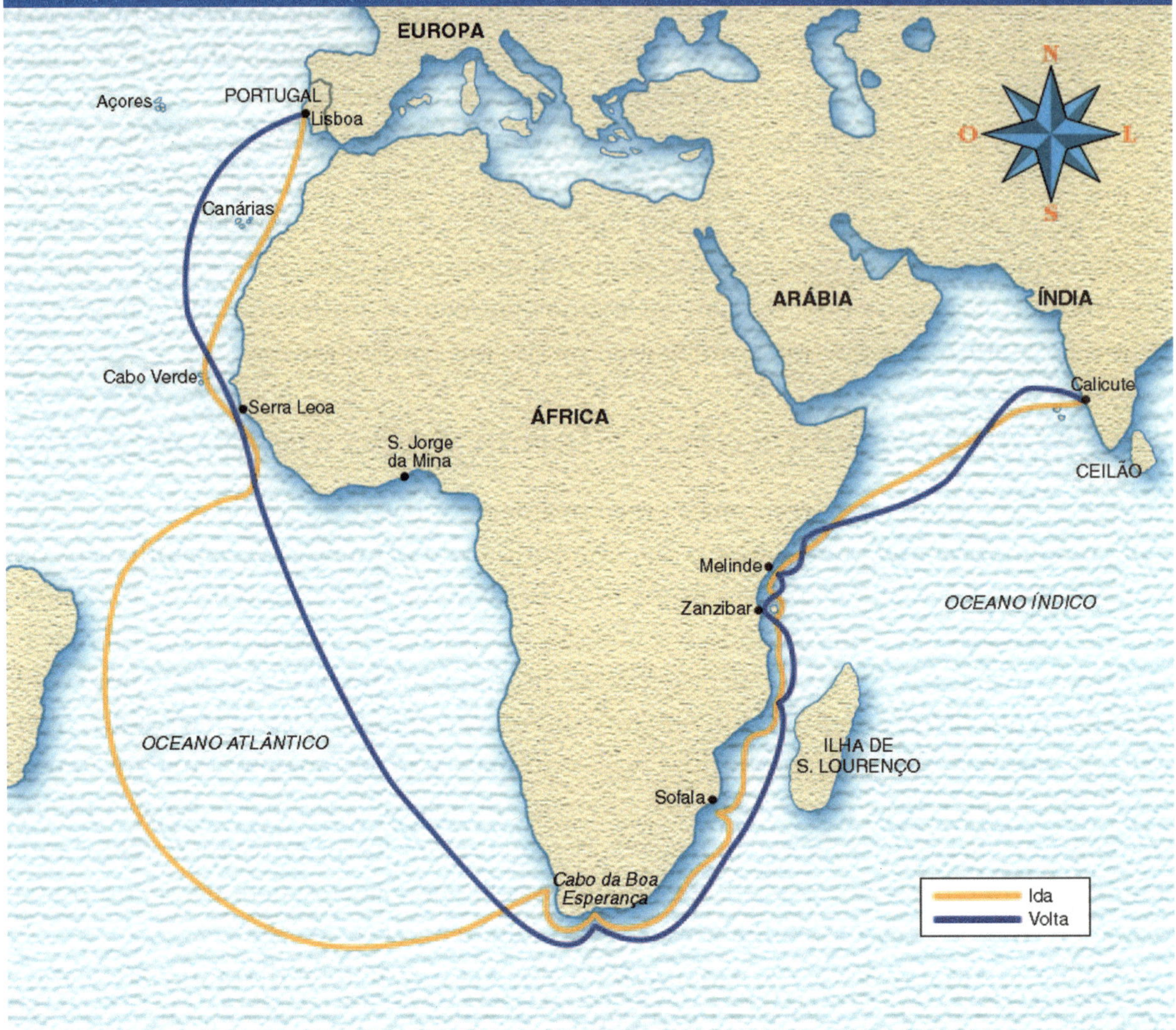

Adaptado de: J. Amado e L. C. Figueiredo. *A viagem de Vasco da Gama*. São Paulo: Atual, 1999.

Tanto Portugal quanto Espanha tinham muito interesse nas riquezas de países do Oriente, como Índia e China. Tentaram chegar a essas terras por caminhos diferentes. Portugal optou por contornar a África e seguir pelo oceano Índico, e a Espanha, acreditando que a Terra era redonda (conceito questionado na época), tentou dar a volta pelo lado oposto e acabou chegando à América.

• Cartografia e navegação marítimas

Viajar pelos oceanos era muito difícil nos tempos antigos. Os mapas eram imprecisos, pois ainda não se conhecia o planeta como um todo e não havia equipamentos modernos como aviões e satélites para ajudar na confecção desses mapas. Muitos países nem constavam deles, alguns constavam mas tinham formato e dimensões alterados e até elementos lendários eram encontrados nas cartas.

Havia muitas histórias de grandes monstros marinhos — tinha gente que jurava já ter visto um. Monstros que, de tão comentados que eram, acabavam aparecendo em alguns mapas. Nos tempos antigos, pouco se sabia sobre as correntes marítimas, ventos e a localização exata das ilhas. Os instrumentos de navegação eram precários e pouco precisos. Boa parte deles, como o sextante e o astrolábio, serviam para ajudar o homem a entender o posicionamento das estrelas e a se orientar por ele. Na época das grandes navegações, o que se tinha de mais moderno era a bússola, criação chinesa que aportou em terras ocidentais no século XIII.

Desde os tempos mais remotos o homem tenta mapear a crosta terrestre. Há registros de que seis séculos antes de Cristo os gregos já esboçavam seus mapas e, entre os fenícios, mesopotâmios, sumérios e outros povos antigos, essa prática ultrapassa os 1500 a.C. Alguns são tão primitivos que nem dá para reconhecer tais desenhos como mapas.

Há mapas feitos exclusivamente para orientar a navegação. São as chamadas cartas náuticas, que mostram, além de diversos dados também encontrados em um mapa comum, informações específicas sobre o fundo do mar, como profundidade, relevo e até navios naufragados.

Conheça o *site* do Instituto dos Arquivos Nacionais da Torre do Tombo (http://antt.darq.gov.pt) e descubra várias cartas náuticas.

Macduff Everton/Corbis-Latinstock

Carta náutica atual.

4 OS OCEANOS NA VIDA DO HOMEM

• Os oceanos como via de transporte na época do avião

A invenção do avião tornou os transportes mais rápidos e facilitou a vida do homem, principalmente no caso de longas distâncias. Quando a aviação começou a crescer significativamente, em meados do século XX, chegou-se até a pensar que o transporte de um continente para outro por meio de navios perderia espaço, o que não aconteceu. Atualmente os navios ainda são usados para transportar pessoas, mas destinam-se principalmente a levar e trazer mercadorias.

Eberhard Streichan/zefa/Corbis/Latinstock

O movimentado porto de Düsseldorf.

Muitas famílias chegaram ao Brasil de navio entre o final do século XIX e as primeiras décadas do século XX, quando a imigração estava no auge. Nessa época, cruzando os oceanos de navio, como aconteceu com os avós italianos de Tiago, italianos, espanhóis, alemães e até japoneses, entre outros povos, partiram para o Brasil a fim de construir uma nova vida. Isso aconteceu também nos Estados Unidos e em outras partes do mundo. Hoje pouca gente faz isso. É o turismo que motiva as pessoas a embarcarem em navios. Barcos menores também são usados no lazer e na prática de esportes.

No transporte de mercadorias, os oceanos continuam muito importantes. Apesar de levar mais tempo para os produtos chegarem de um lugar a outro, é muito mais barato utilizar um navio do que um avião. Até mesmo alguns produtos considerados perecíveis — que estragam logo, como frutas — podem ser transportados em navios especiais para não estragarem. Automóveis, gado, grãos como soja e arroz e tantos outros são levados de navio de um lugar para outro do mundo. Em países como o Brasil, que tem um litoral bastante extenso, esse tipo de transporte é vantajoso, principalmente pelo custo. Temos uma grande quantidade de portos, o que facilita o embarque e desembarque das mercadorias. Já em países com litoral muito pequeno ou sem litoral, esse processo se torna mais complicado. Um litoral pequeno significa poucos portos para descarregar mercadorias. Em países sem litoral, como o Paraguai, a situação fica ainda mais complicada, pois, para receber produtos transportados por navio, ele precisa pagar para utilizar o porto de alguma nação vizinha e ainda providenciar um outro transporte. Ainda tomando o Paraguai como exemplo, quando precisa enviar ou receber mercadorias que chegam de navio, esse país se utiliza dos portos do Paraná, no Brasil, ou da Argentina. Depois de descarregar, tem que providenciar a chegada dessa mercadoria até suas terras ou por caminhões ou por embarcações menores, pelos rios Paraná e Paranapanema, ou ainda de avião, o que torna o processo complexo.

• A indústria da pesca

Além de via de transporte, os oceanos servem de importante fonte de alimento para o homem. Deles tiramos milhares de espécies de peixes e outros animais para comer, fabricar remédios e cosméticos. As algas também são usadas na alimentação, em países como o Japão, pela indústria farmacêutica e até parte do sal que usamos na cozinha provém do que é encontrado nas águas.

Durante milhares de anos o homem retirou o que quis dos oceanos sem pensar que as reservas — de animais, vegetais ou de petróleo —, como veremos mais adiante, pudessem acabar. Elas podem. Muitas espécies foram pescadas indiscriminadamente e correm risco de extinção. Outras, embora não fossem o objetivo dos pescadores, ficavam presas na rede e acabavam morrendo. As baleias e as tartarugas marinhas são dois exemplos de animais ameaçados.

Várias espécies de baleia quase foram extintas pela caça indiscriminada. Hoje são animais protegidos, e sua captura é rigorosamente controlada no mundo inteiro. Há, inclusive, projetos ambientais totalmente voltados para a manutenção das espécies. Um exemplo é o projeto Baleia Franca, em Santa Catarina, que conta com biólogos e outros técnicos trabalhando para proteger os animais e conscientizar a população de sua importância. Mas nem todos os países obedecem às leis internacionais quanto aos limites

Consulte o *site* www.baleiafranca.org.br.

Luciana Whitaker/Olhar Imagem

Tartaruga do projeto Tamar na praia do Forte, Bahia, 2000.

da pesca e à caça da baleia. Japão e Noruega, por exemplo, insistem em capturar baleias, mesmo com todo o risco ambiental e as leis internacionais de proibição. A caça desenfreada pode reduzir muito o número de animais e até extingui-los, o que provocaria um desequilíbrio da vida na região, já que as baleias interagem com o sistema em que estão inseridas. Para tentar escapar da fiscalização, até "disfarçam" os navios de caça como se eles fossem navios de pesquisa científica voltados para a proteção dos animais. Preste atenção como de tempos em tempos é possível ver no noticiário da TV alguém falando de um navio que foi pego em flagrante caçando baleias e teve seu comandante multado. Mas, como os oceanos são muito grandes, é difícil fiscalizar com rigor.

Quanto às tartarugas há preocupação semelhante. Em vários pontos do litoral brasileiro, principalmente São Paulo e Bahia, podemos encontrar o projeto Tamar, que procura proteger as tartarugas marinhas e acompanhar sua reprodução.

Você pode consultar o *site* desse projeto para ter mais informações: www.tamar.org.br.

A situação está ficando tão grave que inclusive alguns peixes já são difíceis de encontrar. A pesca durante muitos anos no mesmo local e a falta de controle dessa atividade, permitindo que se capturassem fêmeas com ovas e filhotes, colocaram em risco muitas áreas que eram paraísos para os pescadores, afetando os animais e o próprio homem, pois com o desequilíbrio ecológico e a quantidade de peixes diminuindo, as pessoas não têm de onde tirar seu sustento. Acredita-se que hoje haja 35 milhões de pessoas no mundo que dependem da pesca para sobreviver.

Podemos resumir os problemas enfrentados nas regiões pesqueiras em três itens:

1. *Sobrepesca* — com a evolução da tecnologia ficou mais fácil identificar os locais em que há peixes e, com isso, aumentou a captura indiscriminada e o mau aproveitamento do pescado. Há especialistas que acreditam que se pesque hoje mais do que o necessário, gerando desperdício e desequilíbrio ecológico.
2. *Capturas acidentais* — com os peixes de valor comercial, muitas vezes são capturados outros que não interessam aos pescadores. Eles são devolvidos ao mar, mas já estão mortos ou quase mortos, o que polui as águas, além de diminuir sua população sem necessidade. Calcula-se que esses animais signifiquem 25% do total da pesca.

3. *Destruição dos hábitats* — a poluição das cidades próximas da costa chega ao mar e atinge os locais em que vivem os peixes, contaminando-os e matando-os. Outra forma de destruição desses locais são as redes, que, ao serem arrastadas pelo fundo do mar em busca de peixes, acabam arrancando corais, algas e outros seres que servem para a manutenção da vida naquele local. Pesquisadores dizem que cerca de 60% dos recifes de corais podem desaparecer nos próximos trinta anos caso não sejam tomadas providências de preservação.

Christophe Boisvieux/Corbis/Latinstock

Pescadores no rio Yom, na Tailândia, 2003.

• O que se extrai do mar além de peixes

Falamos muito de peixes e alimentação até agora. Mas os oceanos nos oferecem muitas outras coisas. Energia, por exemplo. Boa parte do petróleo, que se transforma em produtos como a gasolina, entre outros, vem do mar. No Brasil, cerca de 80% do petróleo extraído resulta da exploração submarina no litoral do Rio de Janeiro, como veremos logo adiante. O próprio movimento das ondas pode ser transformado em energia para impulsionar máquinas e geradores. Até as drásticas diferenças de temperatura entre a superfície e o fundo do oceano podem ser transformadas, por meio de tecnologias sofisticadas, em energia elétrica. Esse tipo de geração de energia apresenta a vantagem de ser uma possibilidade de produção de energia elétrica em larga escala, que, pelo que os estudos indicam até o momento, causa menos impacto ambiental.

As pesquisas voltadas para o aproveitamento do movimento e da temperatura dos oceanos como fontes de energia ainda são muito recentes. Começaram a ser desenvolvidas por volta dos anos 1980, na Inglaterra. Por esse motivo ainda vão ser necessários vários anos para que uma pessoa feito Isabela, que mora em região de praia, possa ter a luz de sua casa gerada pela força do oceano.

Departamento de Energia dos Estados Unidos/Governo dos Estados Unidos

Vista de usina baseada em Otec (Ocean Thermal Energy Conversion ou, em português, conversão de energia térmica oceânica), no Havaí. Com essa tecnologia, usa-se o gradiente térmico — diferença de temperaturas das águas oceânicas — para produzir energia.

As marés, influenciadas pela força gravitacional do Sol e da Lua, são usadas desde o século XI para gerar energia, a princípio movimentando pequenos moinhos na França e na Inglaterra. Para obter energia maremotriz, ou seja, para aproveitar a força das marés, é necessário construir barragens e providenciar instalações que propiciem eletricidade. Em 1967, no rio Rance, na França, construiu-se o primeiro projeto significativo com esse fim. No Brasil, uma região favorável para o aproveitamento de energia oceânica seria o estuário do rio Bacanga, em São Luís do Maranhão, onde as marés atingem 7 metros de altura.

Yann Arthus-Bertrand/Corbis/Latinstock

Vista de usina de energia maremotriz, em Saint-Servan, França, 1994.

Mas em outras áreas as pesquisas já avançaram muito. A indústria de remédios e cosméticos é um bom exemplo. Muitos cremes, pomadas, xampus e alguns medicamentos utilizam algas e animais marinhos, enquanto outros produtos ainda estão em fase de pesquisa. Quem nunca viu na farmácia ou no supermercado um sabonete à base de algas? Até a indústria de tintas pesquisa os oceanos, analisando uma secreção escura que os polvos e as lulas soltam na água para se proteger dos inimigos quando se sentem acuados.

Jeffrey L. Rotman/Corbis/Latinstock

Um polvo no fundo do mar.

• A exploração submarina de petróleo

Entre as riquezas encontradas no fundo dos oceanos vamos destacar o petróleo. A costa brasileira, principalmente nas regiões do Rio de Janeiro e da Bahia, é um importante ponto de exploração dessa substância sob as rochas do fundo do oceano. A Bacia de Campos, no litoral do Rio de Janeiro, é responsável por cerca de 80% do petróleo extraído no Brasil.

A extração de petróleo do fundo dos oceanos se dá por meio de potentes máquinas que perfuram as rochas até encontrar a camada de petróleo que está sob elas. Essas máquinas se apoiam em estruturas que podem ser vistas de fora da água: as plataformas petrolíferas ou plataformas submarinas. A Petrobras, empresa responsável pela extração desse óleo no Brasil, conseguiu desenvolver uma sofisticada tecnologia de procura de petróleo dessa forma. A descoberta dessa matéria no fundo do oceano no litoral brasileiro posicionou nosso país entre os dezesseis maiores produtores de petróleo do mundo. Outro país que se destaca pela existência de petróleo no fundo dos oceanos é a Nigéria, na África, apesar de não ter a mesma tecnologia sofisticada de exploração que o Brasil.

Os cientistas acreditam que há muito petróleo sob os oceanos que ainda não foi descoberto. Alguns chegam a dizer que só se conhece metade do petróleo que está sob os oceanos. Mas explorá-lo é muito caro. Bem mais caro do que quando é encontrado nos continentes.

Apesar de a extração de petróleo, no oceano ou não, ser muito importante para a economia dos países, inclusive do Brasil, a extração no fundo dos oceanos, se não for feita com muito cuidado, pode desencadear sérios problemas ambientais. Vazamentos ou outras falhas no processo podem fazer que o petróleo se espalhe pelas águas do oceano formando uma grossa camada sobre elas, prejudicando a vida marinha, como veremos no capítulo 5. Por isso tecnologia e segurança são fundamentais nesse tipo de trabalho.

Rogério Reis/Pulsar Imagens

Plataforma de exploração de petróleo em Santos, São Paulo.

• Quem vive do mar

Quase metade da população mundial vive a, no máximo, 100 quilômetros de distância dos oceanos, como Isabela e sua família. Mas isso não significa que todas elas trabalhem em alguma atividade ligada a eles. O pai de Isabela, por exemplo, é professor de Português. Por outro lado, muita gente que não vive à beira-mar pode ter sua atividade profissional ligada aos oceanos, como o tio de Tiago, que é dono de uma peixaria em Brasília.

Acredita-se que hoje haja 35 milhões de pessoas no mundo que dependem da pesca para sobreviver. Algumas, ligadas diretamente a ela, vão para o mar em busca de peixes, moluscos e crustáceos. São essas pessoas, os pescadores, que mais facilmente vêm à nossa mente quando pensamos em profissionais ligados à pesca. Outros trabalham nos ancoradouros, na limpeza e no corte dos peixes, entre tantas possíveis atividades. Existem diversas pessoas, portanto, que dependem dos oceanos para sustentar sua família: as empresas de transporte de pescados, por exemplo. Ou os construtores de barcos. Também é possível pensar nas peixarias, em algumas indústrias de cosméticos e remédios, alguns restaurantes, indústrias de sal, etc. Há os que tiram do mar parte de seu sustento, embora vendam outros produtos: é o caso, por exemplo, dos supermercados e restaurantes, que sobrevivem parcialmente dos oceanos. No Brasil, acredita-se que cerca de 3 milhões de pessoas dependem direta ou indiretamente da pesca para sobreviver.

Hans Georg/NextFoto

Pescador em Arraial d'Ajuda, Bahia.

5 PRECISAMOS CUIDAR DOS OCEANOS

• A poluição das águas

Você já percebeu que, se não planejar a pesca, o homem pode comprometer os seres vivos dos oceanos e também prejudicar a sua própria vida. Mas não é só a pesca excessiva que pode afetar a saúde dos oceanos e atingir a humanidade. Diversas atitudes das pessoas podem interferir positiva ou negativamente na vida marinha.

Um dos problemas que mais afeta os oceanos hoje em dia é a poluição, que pode ter diversas origens. Esgoto e lixo orgânico jogados nas águas são alguns exemplos. Esses resíduos alteram o hábitat marinho. Vamos saber como.

Quem já foi à praia provavelmente viu canos que passam por baixo das ruas e chegam até a areia. Canos dos quais sai uma água suja que pode até ter mau cheiro. Isso é esgoto e lixo que vão para o mar. Em algumas praias não conseguimos ver os canos que levam o esgoto e o lixo porque eles estão enterrados na areia. Os resíduos são soltos no fundo do mar, a alguns quilômetros da costa. Isso não significa que com o tempo eles não possam voltar para a praia ou parar do outro lado do mundo. O fato de não vermos não quer dizer que o problema não exista.

Antônio Gaudério/Folha Imagem

Plataforma da Petrobras afundando na bacia de Campos, no Rio de Janeiro, após explosões, em 2001.

Cerca de 77% dos poluentes encontrados no mar têm origem na região costeira e ficam acomodados a até alguns quilômetros da praia. As áreas de portos ou de desembarque da pesca também são problemáticas. Os navios lavados no cais concentram poluentes, e os restos da pesca, jogados na costa, também contaminam o mar. Vazamentos de petróleo das plataformas marítimas são outro problema. Todos os anos, em média, 600 mil toneladas de petróleo são despejadas nos oceanos por acidente, poluindo as águas e matando os animais, como veremos adiante. Em 1996, em um único acidente, 70 mil toneladas de petróleo foram derramadas de uma só vez no norte da Inglaterra. A saúde humana é diretamente atingida pelo contato com o material vazado ou com o cheiro do petróleo ao ar livre, que pode intoxicar as pessoas.

Além da poluição e da destruição dos oceanos, tais acidentes trazem prejuízos econômicos, já que se perde uma grande quantidade de petróleo que se transformaria em combustível, entre outros produtos.

Um estudo norte-americano mostrou que 14 milhões de toneladas de lixo são jogados nos oceanos todos os anos. Lembrando que diversos produtos, como vidro, plásticos etc., levam centenas e até milhares de anos para se decompor, esse lixo se acumula e é transportado de um lado para outro, às vezes até de um continente para outro, matando os animais.

Felipe Varanda/Folha Imagem

Lixo flutuante no mar de Niterói, 2004.

Outro problema é a grande quantidade de pessoas que moram à beira-mar. Cada vez mais se constroem casas e prédios sem planejamento. Isso faz que os manguezais sejam destruídos.

O manguezal

Manguezais são ecossistemas costeiros e tropicais onde predominam os mangues, vegetação meio lamacenta, com árvores que ficam parcialmente dentro da água e com as raízes expostas. Nesses ecossistemas é que se origina boa parte da vida marinha. Enorme quantidade de peixes e de outros animais se reproduz nesse local barrento. Com a ocupação dos manguezais, o homem destrói o berço da vida marinha. As fêmeas não têm onde procriar e os poucos seres que nascem não têm um lugar protegido para crescer e poder se lançar nos oceanos. Cerca de 50% dos mangues do mundo já foram destruídos. Se os animais estão perdendo seus locais de reprodução e a pesca vem aumentando, imagine o que pode acontecer com a fauna marinha daqui a alguns anos.

Ecossistemas são sistemas naturais ou artificiais limitados por um espaço físico, em que interagem fatores bióticos e abióticos caracterizando determinadas estruturas ou funções. (Fonte: *Glossário de ecologia*. 2. ed. São Paulo: Aciesp, 1997.)

Marcello Lourenço/NextFoto

À esquerda, canoa com turistas em meio ao manguezal, na ilha de Marajó, Pará, 2002. Na foto abaixo, catador de caranguejo no delta do Parnaíba, Piauí, 2006.

Ricardo Azoury/Olhar Imagem

Quanto tempo o lixo leva para se desfazer na natureza

Conforme o material e o ambiente em que está inserido, o lixo descartado pode levar até mais de mil anos para se decompor na natureza. Por isso precisamos pensar muito bem antes de descartar materiais, principalmente os que podem, de alguma forma, ser reciclados ou reaproveitados. Observe a tabela:

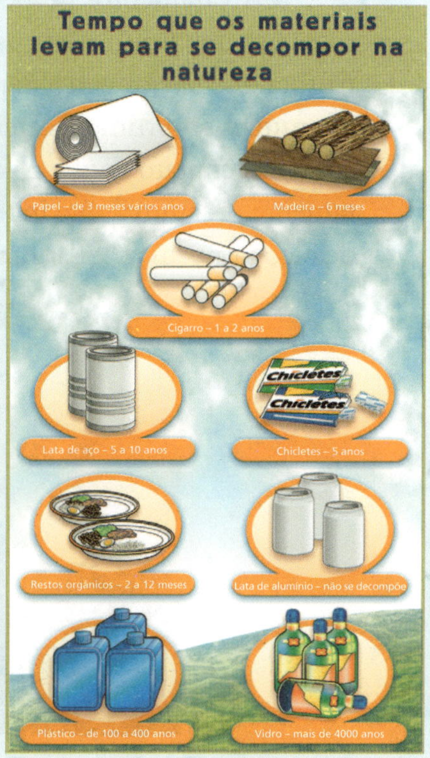

Adaptado de: N. S. de Mattos e S. F. Granato. *Lixo*: problema nosso de cada dia. São Paulo: Saraiva, 2005.

• As mudanças na biodiversidade

A exploração e a poluição dos oceanos ameaçam a vida marinha. O Japão, conforme comentamos, caça baleias ilegalmente. São cerca de 440 por ano só da espécie Minke. Acredita-se que, no século XX, mais de 2 milhões de baleias foram mortas. Cerca de 70% dos mamíferos marinhos — baleias, golfinhos, focas, leões-marinhos, entre outros — estão ameaçados pela ação do ser humano.

Pescar ou caçar sem critério não é a única forma de diminuir a quantidade de animais nos oceanos e até de extinguir espécies. Há outras atitudes que também matam muitos deles. Um grande problema é a quantidade de plástico jogada no mar. Aquela sacola ou garrafinha que alguém distraidamente esqueceu na praia pode ser levada pelas águas e causar mortes.

Esses objetos são confundidos com alimento pelos animais. Para uma tartaruga, um peixe ou um mamífero de grande porte como golfinhos e baleias, uma sacola plástica se parece muito com uma água-viva, e uma garrafa, com um peixe pequeno. Ao ingerir esses materiais, os animais podem morrer por sufocamento, por problemas digestivos, entre outras causas. Isso acontece também com as aves que se alimentam de peixes. Pescadores dos Estados Unidos encontraram, certa vez, uma baleia com cinquenta sacolas plásticas entaladas em sua garganta. Ela morreu por sufocamento. Cerca de 100 mil mamíferos marinhos morrem todos os anos por ingerir lixo deixado pelo homem, e por volta de 1 milhão de aves marinhas morrem pelo mesmo motivo ou por ficarem presas em algum tipo de lixo jogado nos oceanos.

Os vazamentos de petróleo também provocam sérios problemas para os animais. As manchas que ficam sobre as águas quando há rompimento de algum duto ou avaria na estrutura dos navios petrolíferos impedem a passagem de luz para dentro das águas, deixando os animais sem rumo e carentes dos efeitos benéficos da luz do sol. Já quando é engolido ou entra em contato com a pele, o petróleo mata os animais pela sua toxidade, inclusive indiretamente. O animal que ingere um outro que foi morto em consequência do derramamento de óleo também acaba morrendo intoxicado, o que pode acontecer inclusive com o homem.

Ittel J. F./Corbis Sygma/Latinstock

Ave atolada em praia poluída na região do Pays de la Loire, França, 1999.

No caso das aves, o petróleo causa um problema adicional, também grave. O óleo que fica preso em suas penas as deixa muito pesadas e as impede de voar e de procurar alimento. Redes ou pedaços de redes perdidas são outro perigo para os animais, que se enroscam nelas e não conseguem se mexer, ou se machucam gravemente e morrem, de fome ou atacados por um predador.

• O avanço do mar e o aquecimento global

Uma das grandes preocupações dos cientistas e ambientalistas atualmente se refere ao aquecimento global. A temperatura do planeta estaria subindo por diversos motivos, alguns relacionados (outros não) à interferência do homem na natureza, e isso pode mudar bastante a dinâmica da vida no planeta.

Independentemente do motivo, o aquecimento do clima na Terra pode provocar efeitos muito fortes nos oceanos.

O primeiro deles é a perda de parte de sua força no abrandamento da temperatura. Com o aquecimento crescente, seu papel em deixar a temperatura da Terra mais amena será menor. Além disso, as tempestades sobre os oceanos estão propensas a aumentar, o que pode causar danos ao ecossistema e prejudicar sua recuperação.

O nível do mar também tende a subir, pois, com o aquecimento, as camadas de gelo nos pólos e no pico das montanhas começam a derreter. Essa água escorre diretamente para o mar ou vai para os rios que desembocam no mar, aumentando o nível dos oceanos. É só comparar fotos antigas e atuais de montanhas famosas como o Kilimanjaro, na África, e o monte Fuji, no Japão, para perceber como a camada de gelo no topo diminuiu.

Nasa

Nasa

Compare a camada de gelo do monte Kilimanjaro ao longo do tempo. Na foto acima, o Kilimanjaro em 1993; na foto ao lado, o monte em 2000.

Com a subida do nível dos oceanos, o mar aos poucos começa a avançar sobre a terra, invadindo as cidades litorâneas. É uma invasão bastante gradual, bem diferente do que aconteceu com o *tsunami*, a onda gigante que arrasou o litoral de países na Ásia em poucos minutos. O *tsunami* foi um movimento rápido, resultado de uma alteração geológica, conforme vimos no capítulo 2. A elevação do nível do mar tem ritmo diferente. Ela vai aos poucos tomando ruas e casas. Esse aumento no volume das águas também altera o esquema das correntes marinhas e das marés, o que pode trazer outras influências para o clima, pois vimos como esses movimentos são importantes para manter o equilíbrio climático da Terra.

• Como preservar os oceanos e reverter o quadro atual

Apesar de todos os problemas que comentamos até agora, é possível salvar os oceanos. Desde que cada um faça a sua parte. É preciso que os governos, as empresas e os cidadãos estejam dispostos a colaborar com o que podem. Com todo mundo trabalhando junto, os resultados podem ser cada vez mais gratificantes. Devemos agir porque nos preocupamos com a preservação dos oceanos e, ao cuidar deles, estamos indiretamente tratando da preservação da vida do homem. E o que cada um pode fazer?

Os governos — Os governos têm o poder de legislar, criar leis e fazer que elas sejam cumpridas. Então cabe a eles criar leis rígidas quanto às atividades praticadas nos oceanos. Devem ainda fiscalizar se elas são cumpridas e punir quem as desrespeita. Também é papel dos governos incentivar pesquisas em favor do bom uso dos oceanos, de como eles podem ser aproveitados sem prejudicar sua dinâmica e formas de vida. Fica ainda a seu cargo promover programas e campanhas de educação que esclareçam a população sobre a necessidade de preservar os oceanos e o que cada um pode fazer para isso. As aulas de Geografia e Ciências são uma ótima oportunidade de divulgar essas informações, bem como propagandas no rádio, na TV e na Internet.

Getty Images

Selo Dolphin Safe visível numa lata de atum, 2004.

As empresas — As empresas podem contribuir com a preservação dos oceanos tomando certas precauções ao longo do processo de fabricação de seus produtos, pensando na população em geral e também em sua própria sobrevivência. Uma empresa pesqueira que não respeita as leis de pesca nem observa as precauções ambientais necessárias na hora de se lançar ao mar prejudica também a si mesma, pois corre o risco de levar multas e de precisar fechar as portas se o pescado acabar em consequência da falta de respeito ao meio ambiente. E deve divulgar os cuidados que toma. Há algum tempo, algumas empresas de pesca de atum foram acusadas de pegar golfinhos em suas redes junto com o atum. Além de matá-los inutilmente, elas os jogavam de volta no mar. Foi criado então um programa para o desenvolvimento da pesca de atum de maneira a não envolver a morte de golfinhos. As empresas que passaram a pescar dessa forma mais responsável ganharam um selo, chamado *Dolphin Safe* (golfinhos a salvo). E colocaram esse selo nas latas de seu atum. Dessa forma, a população, ao escolher que marca de atum comprar, pode diferenciar quem mata golfinhos de quem não mata. Ao ir ao supermercado você já teve curiosidade de olhar uma lata de atum?

As empresas podem contribuir com a preservação dos oceanos, mesmo aquelas que parecem não ter nenhuma relação com eles, tomando determinadas precauções. Uma fábrica de automóveis, por exemplo, como será que ela pode colaborar? Cuidando de seu lixo e de seus resíduos. Ao jogar os resíduos industriais nos rios, essa fábrica está prejudicando os oceanos, pois as águas dos rios, mesmo os mais distantes da costa, em algum momento chegam até o mar. Um outro exemplo é uma empresa de seguros. Ao ser contratada para fazer o seguro de uma frota de navios pesqueiros, uma empresa pode, para fechar o negócio, exigir documentação que comprove que seu futuro cliente pesca de forma responsável, cumprindo as leis e respeitando o meio ambiente. As empresas podem também desenvolver campanhas educativas e colaborar financeiramente com os projetos de pesquisa e proteção dos oceanos desenvolvidos por universidades ou outras instituições.

Os cidadãos em geral — Cada um de nós também pode contribuir. Primeiro, como faz Isabela, que nunca joga lixo na praia nem no mar. Ela sempre leva um saquinho à praia, onde coloca seu lixo, e depois o deposita no lugar correto de coleta. Tiago, mesmo morando longe da praia, também faz sua parte. Além de não jogar lixo nos rios, fica de olho nos produtos que sua família compra, procura saber se a empresa produtora toma os devidos cuidados. Em geral, se as pessoas só comprarem, por exemplo, as marcas de atum cuja pesca não prejudica os golfinhos, quem pesca de forma errada, se quiser sobreviver, vai precisar mudar a forma de trabalhar. Ao ir à peixaria, a mãe de Tiago e a de Isabela procuram saber a origem dos produtos que pretendem consumir. Na compra de cosméticos também. Consultam na embalagem os componentes dos produtos e, quando têm dúvida sobre sua origem, escrevem para as fábricas pedindo informações. Deixar de comprar um produto porque ele não respeita a preservação ambiental, seja dos oceanos, seja de qualquer outro sistema, é uma arma muito forte nas mãos dos consumidores e que pode trazer grandes mudanças para a vida do planeta.

A informação também é um forte aliado ao alcance de todos. Isabela e Tiago sempre procuram se informar sobre o que está acontecendo com os oceanos, ficam atentos aos jornais, à TV, a *sites* especializados em meio ambiente ou de organizações que lutam para a preservação dos oceanos. E não guardam as informações só para si. Divulgam-nas para a família e para os colegas, promovem debates na escola, entre outras atividades.

• Quem estabelece as regras no caso dos oceanos

Conforme sabemos, os continentes são divididos em países e cada país tem um governo e suas leis. Por sua vez, os países são divididos em estados ou províncias, que também têm governos e leis próprias, bem como os municípios. E, no caso dos oceanos, quem estabelece as regras? Depende de a qual região dos oceanos estamos nos referindo. A porção próxima à costa de cada país, chamada de mar territorial, está a cargo da legislação do país, que legisla e fiscaliza o mar territorial e também tem direito de explorar seus recursos naturais, seja a biodiversidade, sejam os recursos do subsolo, como o petróleo. Em seu mar territorial, cada país permite ou não a entrada de barcos estrangeiros. Invadir o mar territorial é como invadir as terras do país.

A determinação do tamanho do mar territorial e das áreas de influência de cada nação é feita de acordo com as regras da Convenção das Nações Unidas sobre Direito do Mar, um documento assinado em 1982 por 118 governos.

Nosso mar territorial tem 12,5 milhas náuticas (aproximadamente 21,6 quilômetros), mas o Brasil tem direito e áreas de influência em uma extensão de 200 milhas náuticas de sua costa, cerca de 350 quilômetros. Nessa segunda área, o país tem prioridade e privilégios quanto ao uso da biodiversidade e dos recursos naturais. Por exemplo, barcos de outras nações só podem navegar e pescar dentro de determinados limites nessa área de direito e influência do Brasil, chamada de Zona Econômica Exclusiva, se cumprirem regras específicas. Mas só o Brasil pode buscar petróleo no subsolo correspondente. Quem se encarrega da vigilância e da fiscalização do mar territorial e da Zona Econômica Exclusiva é a Marinha de cada país.

No restante dos oceanos, o trânsito a princípio é livre, mas as atividades de exploração e o tráfego das embarcações são regidos por essa mesma convenção.

Gari Wyn Williams/Alamy/Other Images

Bandeira de pirataria em embarcação atual.

Piratas modernos

Em filmes e histórias que falam de navios e dos mares, muitas vezes encontramos perigosas personagens que roubam e saqueiam navios, os piratas. Um dos mais famosos é o Capitão Gancho, da história de Peter Pan, uma das preferidas de Tiago. Recentemente o cinema exibiu um filme sobre esses bandidos do mar, chamado *Piratas do Caribe*, estrelado pelo ator Johnny Depp, de quem Isabela é fã. Nos livros e nos cinemas costumamos ver a figura dos piratas apenas em tempos antigos, atacando as caravelas com canhões e dominando-as com a espada em punho. Mas a pirataria não é só coisa do passado. Ela existe até hoje e fica cada vez mais sofisticada.

Conheça os livros *Cérbero, o navio do inferno* (de Luiz Antonio Aguiar, Saraiva) e *A carta do pirata francês* (de Lino de Albergaria, Saraiva).

Os piratas modernos dispõem de alta tecnologia para localizar navios e abordá-los. A Ásia é uma das regiões em que os ataques acontecem com maior frequência. Os piratas se interessam tanto pelos navios quanto pelas mercadorias que eles transportam.

O procedimento mais comum dos piratas modernos é, depois de tomar o navio, matar a tripulação e trocar a bandeira de identificação obrigatória do país de origem exibida por todo tipo de embarcação. Em seguida, levam o barco ou o navio para algum porto em que têm o apoio de outros bandidos em terra, onde descarregam a mercadoria e conseguem documentos falsos.

Para saber mais

Livros

GANERI, Anita. *Atlas dos oceanos*. São Paulo: Martins Fontes, 1994.

GANERI, Anita; WOOD, Jakki. *Mares e oceanos*. São Paulo: Callis, 1996.

MACQUITTY, Miranda. *Oceanos*. Globo, 1997. (Col. Por Dentro).

MAGALHÃES, Ana Maria; ALCADA, Isabel. *Oceanos: sonhos, mitos e realidades*. São Paulo: Scipione, 2000.

MCGUINESS, Doreen; SELBERG, Ingrid. *A vida no oceano*. São Paulo: Manole, 1996.

Filmes

- *Oceano*: o fascinante mundo azul (*Forbidden depths*), da Discovery Channel, Estados Unidos, 2002. Documentário, 104 minutos.
- *A ilha dos golfinhos*, de Lawrence Wahba e Rodrigo Astiz. Brasil, 2003. Documentário, 51 minutos.
- *Tubarão*: o perigo dos oceanos (*The ultimate guide to sharks*), de Nick Caloyianis e Clarita Berger. Estados Unidos, 2002. Documentário, 52 minutos.

Sites de interesse

- www.oceansatlas.org

  UN Atlas of the Oceans. *Site* das Nações Unidas totalmente dedicado ao mapeamento dos oceanos (em inglês).

- www.greenpeace.com.br

  Greenpeace – Oceanos. Área especial do *site* dessa ONG ambientalista dedicada principalmente ao problema da caça às baleias.

- www.io.usp.br

  Instituto de Oceanografia da Universidade de São Paulo.

Visitas

Guarujá (SP)

Acquamundo

Site: www.acquamundo.com.br

Av. Miguel Estéfano, 2001 – Praia da Enseada – Guarujá

Tel. (13) 3351 8867

Trata-se do maior aquário da América do Sul. Nele, os animais vivem em ambientes que reproduzem condições semelhantes às do respectivo ambiente natural. Em determinado espaço, as crianças podem tocar alguns bichos.

Santos (SP)

Museu do Mar

Site: www.museudomar.com.br

Rua República do Equador, 81 – Ponta da Praia

Santos – SP

Tel. (13) 3261 4808

Vários Estados

Projeto Tamar

Site: www.tamar.com.br

Almofala (CE), Atol das Rocas (RN), Fernando de Noronha (PE), Ponta dos Mangues/Pirambu/Oceanário/Abaís (SE), Mangue Seco/Sítio do Conde/Costa do Sauípe/Praia do Forte/Arembepe (BA), Itaúnas/Guriri/Pontal do Ipiranga/Povoação/Regência/Anchieta (ES), Bacia de Campos (RJ), Ubatuba (SP), Florianópolis (SC)

Com bases em diversas partes do Brasil (algumas abertas ao público), nesse projeto é possível conhecer de perto o universo das tartarugas marinhas.

Portugal/Algarve

Zoomarine – a vida dos oceanos

Site: www.zoomarine.com

Estrada Nacional, km 125 – Albujara

Bibliografia

Livros

BAINES, John. *Preserve os oceanos*. São Paulo: Scipione, 1995.

DEMILLO, Rob. *Como funciona o clima*. São Paulo: Quark Books, 1998.

ENGEL, Leonard et alii. *O mar*. Rio de Janeiro: José Olympio, 1969. (Col. Biblioteca da Natureza Life).

GANERI, Anita. *Atlas dos oceanos*. São Paulo: Martins Fontes, 1994.

GLOSSÁRIO de ecologia. 2. ed. São Paulo: Aciesp, 1997. Publicação n. 103 da Academia de Ciências do Estado de São Paulo/Aciesp/Finep/CNPq.

GUERRA, Antônio Teixeira; Antonio José Teixeira. *Novo dicionário geológico-geomorfológico*. Bertrand Brasil, 1997.

MENDONÇA, Rita. *Como cuidar do seu meio ambiente*. São Paulo: BEI, 2002. (Col. Entenda e Aprenda).

PAIVA, Melchíades. *Recursos pesqueiros estuarinos e marinhos do Brasil*. Fortaleza: Editora EUFC, 1997.

PEREIRA, Renato Crespo; SOARES-GOMES, Abílio. *Biologia marinha*. Rio de Janeiro: Interciência, 2002.

POPP, José Henrique. *Geologia geral*. 5. ed. Rio de Janeiro: LTC, 1998.

SAMPAIO, Gilvan. *O El Niño e você*: o fenômeno climático. São José dos Campos: Transtec Editorial, 2001.

SCHEFFER-NOVELLI, Yara et alii. *Manguezais*. São Paulo: Ática, 2001.

SCHIMIEGELOW, João Marcos Miragaia. *Planeta azul*: uma introdução às ciências marinhas. Rio de Janeiro: Interciência, 2004.

Periódico

Scientific American Brasil, n. 42, nov. 2005.

Sites

www.greenpeace.org.br
www.petrobras.com.br
http://astro.if.ufrgs.br/fordif/node3.htm
www.biodiversidadebrasil.com.br
www.fishbase.org
www.escolavesper.com.br
www.ambientebrasil.com.br
www.oceansatlas.org